ICS 27.100
F 23
备案号：50784–2015

DL

中华人民共和国电力行业标准

DL / T 1464 — 2015

燃煤机组节能诊断导则

Energy saving diagnosis code on coal-fired generating unit

U0038974
1551232684

2015–07–01 发布　　2015–12–01 实施

国家能源局　发布

目　次

前　言

本标准按照 GB/T 1.1—2009 给出的规则起草。

本标准由中国电力企业联合会提出。

本标准由电力行业电站汽轮机标准化技术委员会归口。

本标准起草单位：西安热工研究院有限公司、西安交通大学、华北电力大学。

本标准主要起草人杨寿敏、吴生来、居文平、王生鹏、刘家钰、宋文希、于新颖、何育东、薛彦廷、陈胜利、张滨渭、荆涛、张强、严俊杰、杨志平。

本标准为首次制订。

本标准在执行过程中的意见或建议反馈至中国电力企业联合会标准化管理中心（北京市白广路二条一号，100761）。

燃煤机组节能诊断导则

1 范围

本标准规定了火力发电厂燃煤机组节能诊断的基本要求和诊断流程、内容及方法。

本标准适用于火力发电厂 125MW 等级及以上燃煤发电机组（循环流化床机组除外），其他容量等级燃煤机组和循环流化床机组可参照执行。

2 规范性引用文件

下列文件对于本标准的应用是必不可少的。凡是注日期的引用文件，仅注日期的版本适用于本标准。凡是不注日期的引用文件，其最新版本（包括所有的修改单）适用于本标准。

GB/T 3216 回转动力泵水力性能验收试验 1 级和 2 级
GB/T 8117.1 汽轮机热力性能验收试验规程 第 1 部分：方法 A-大型凝汽式汽轮机高准确度试验
GB/T 8117.2 汽轮机热力性能验收试验规程 第 2 部分：方法 B-各种类型和容量汽轮机宽准确度试验
GB/T 10184 电站锅炉性能试验规程
GB 13223 火电厂大气污染物排放标准
DL/T 244 直接空冷系统性能试验规程
DL/T 468 电站锅炉风机选型和使用导则
DL/T 469 电站锅炉风机现场性能试验
DL/T 552 火力发电厂空冷塔及空冷凝汽器试验方法
DL/T 839 大型锅炉给水泵性能现场试验方法
DL/T 904 火力发电厂技术经济指标计算方法
DL/T 1078 表面式凝汽器运行性能试验规程
DL/T 1290 直接空冷机组真空严密性试验方法
ASME PTC4 Fired Steam Generators Performance Test Codes（锅炉性能试验规程）
ASME PTC6 Steam Turbines Performance Test Codes（汽轮机热力性能验收试验规程）

3 术语和定义

3.1

湿冷机组 water cooling unit

汽轮机排汽直接由水进行冷却的机组。

3.2

直接空冷机组 direct air cooling unit

汽轮机排汽直接由空气进行冷却的机组。

3.3

间接空冷机组 indirect air cooling unit

汽轮机排汽首先由水进行冷却，然后由空气再将水进行冷却的机组。

3.4

一段统计时间 a statistical time

一段统计时间是指能够反映机组当前能耗指标的一段时间，原则选择 1 年。当机组检修后或机组实施重大设备改造后，一段统计时间是指机组检修或设备改造完成后开始算起的数月时间。

4 参数符号和单位规定

4.1 参数符号和单位

本标准中的符号及量值单位应符合表1的规定。

表1 符号、单位及说明

符号	单位	名称
M_t	%	全水分
M_{ad}	%	空气干燥基水分
A_{ar}	%	收到基灰分
V_{daf}	%	干燥无灰基挥发分
S_{ad}	%	空气干燥基硫分
H_{ar}	%	收到基氢
$Q_{net.ar}$	kJ/kg	收到基低位发热量
NO_x	mg/m³	氮氧化物
SO_2	mg/m³	二氧化硫
THA		汽轮机热耗率验收工况
TMCR		汽轮机最大连续出力工况
VWO		汽轮机阀门全开工况
TRL		汽轮机铭牌出力工况

4.2 参数符号下标定义

本标准参数符号的下标定义应符合表2的要求。

表2 参数符号下标及定义

符号	名称
ar	收到基
ad	空气干燥基
daf	干燥无灰基

5 一般要求和诊断流程

5.1 一般要求

5.1.1 节能诊断人员应具备相应的专业技术知识，应具有多年从事燃煤机组性能试验和运行调整经验，掌握相应的专业技术标准，并具有定量分析计算的能力。

5.1.2 节能诊断时宜全面了解和掌握被诊断机组主、辅助设备运行状况和存在问题，应与被诊断电厂相关人员（节能、运行、检修、测试）进行充分交流和沟通，应掌握全面数据，能耗分析应准确，节能（电）措施应具体。

5.1.3 节能诊断人员宜掌握同类型机组各主辅设备当前先进能耗指标，应了解当前其他各电厂采取的主要节能（电）措施及其实施效果，可预测被诊断机组各项节能（电）措施所能达到的效果。

5.2 诊断流程

5.2.1 应召开首次节能诊断工作交流会，并与相关人员（节能、运行、检修、测试）进行充分交流和沟通，掌握近期被诊断机组主要能耗指标、机组存在的问题、下一步节能降耗工作计划。

5.2.2 宜按照本标准第7章的内容及要求完成现场节能诊断工作。

5.2.3 现场节能诊断工作完成后应召开末次节能诊断工作交流会，节能诊断各专业技术人员介绍其节能诊断情况，提出节能降耗措施，并预测节能潜力。

5.2.4 燃煤机组节能诊断流程参考附录A。

6 节能诊断所需相关资料和数据

6.1 设计资料

节能诊断工作开始前，应收集下列设计基础资料：

a) 汽轮机热力特性数据、修正曲线及THA、TMCR、VWO、TRL、75%THA、50%THA工况热平衡图等。

b) 锅炉设计说明书、锅炉热力计算汇总、燃烧器设计说明书等。

c) 主要辅机及系统设计规范及说明书，主要辅机及系统包括：凝汽器、循环水泵、空冷系统、凝结水泵、给水泵、给水泵汽轮机、高压加热器、低压加热器、磨煤机、一次风机、排粉机、送风机、引风机、增压风机、空气预热器、脱硫系统、脱硝系统、除尘器、除灰系统、流化风机等。

d) 运行规程和热力系统图。

6.2 运行能耗指标及运行参数

6.2.1 机组一段统计时间综合技术经济指标月度统计值，应包括：发电量、运行小时、利用小时、负荷系数、发电煤耗、发电厂用电率、综合厂用电率、生产供电煤耗、综合供电煤耗，供热机组还包括供热量、供热比、供热煤耗。其指标定义及计算方法应符合DL/T 904的规定。

6.2.2 机组一段统计时间运行技术经济指标月度统计值，应包括：主蒸汽温度、再热蒸汽温度、凝汽器压力（真空度、真空、大气压力）、锅炉排烟温度、运行氧量、飞灰和大渣含碳量、空气预热器漏风率、空气预热器进口一次冷风温度（暖风器后）、空气预热器进口二次冷风温度（暖风器后）、环境温度、过热器减温水量、再热器减温水量、补水率等。其指标定义及计算方法应符合DL/T 904的规定。

6.2.3 机组一段统计时间主要辅机耗电率月度统计值，宜包括：循环水泵或空冷风机、凝结水泵、电动给水泵、磨煤机、送风机、一次风机、排粉机、引风机、增压风机、脱硫系统、脱硝系统、除尘系统、除灰系统、输煤系统、闭式冷却水泵、开式冷却水泵等。

6.2.4 一段统计时间入炉煤月报应包括：M_t、M_{ad}、A_{ar}、V_{daf}、S_{ad}、H_{ar}、$Q_{net.ar}$和部分入厂煤煤质日报数据、煤粉细度等数据。

6.2.5 应记录典型工况下机组负荷、运行方式、主蒸汽压力、主蒸汽温度、调节汽门开度、再热蒸汽压力、再热蒸汽温度、给水温度、过热器减温水量、再热器减温水量、凝汽器进出口循环水温度、汽轮机排汽温度、凝汽器真空、凝结水温度、大气压力、环境温度、空气预热器入口空气温度、锅炉排烟温度、空气预热器烟风道压降、锅炉运行氧量、飞灰含碳量、大渣含碳量、煤量等参数。

6.2.6 应统计机组冷态、温态、热态和极热态启停次数。

6.2.7 应现场抄录或实测典型工况下各主要辅机和系统的功率。

6.3 性能试验报告及电厂节能分析报告

节能诊断前应收集机组性能考核试验报告、大修前后性能试验报告（包括机组改造后性能试验报告）、辅机测试报告、电厂节能分析报告（包括对标分析报告和月度盘煤报告）。

7 节能诊断内容及方法

7.1 汽轮机性能

7.1.1 应根据最近一次按照 GB/T 8117.1、GB/T 8117.2 或 ASME PTC6 标准要求的汽轮机性能试验结果，测算 THA 或额定负荷工况下汽轮机热耗率。若为供热机组，应考虑供热对汽轮机热耗率的影响。

7.1.2 应根据汽轮机热耗率及高、中、低压缸效率试验结果，利用汽轮机制造厂提供的缸效率与热耗率修正计算方法或汽轮机变工况计算方法，判断汽轮机热耗率与各缸效率关系应合理，必要时可修正汽轮机热耗率测算结果。

7.1.3 应分析判断各级段抽汽温度，若抽汽温度明显偏高，应提出偏高的原因及处理措施。

7.1.4 对于高、中压缸合缸汽轮机，应根据高中压平衡盘漏汽量试验结果，判断漏汽量，若漏汽量明显偏大，应提出偏大的可能原因及处理措施。

7.1.5 对于喷嘴调节机组，应根据机组在不同工况下的负荷、调门开度、主蒸汽压力，分析判断机组运行方式的合理性，若运行方式不合理，应提出机组运行方式优化方向。

7.1.6 对于节流调节机组，机组正常运行时调节汽门全开，可通过开启补汽阀进行一次调频，若采用调节汽门开度变化而补汽阀全关进行一次调频，应测算该运行方式对机组发电煤耗的影响量。

7.1.7 应根据汽轮机热耗率测算结果及汽轮机本体存在的问题，结合同类型汽轮机的改进及维修经验，提出节能降耗措施，并预测节能潜力。

7.2 湿冷机组冷端系统

7.2.1 宜通过汽轮机排汽温度或经校验合格的凝汽器绝压表核查凝汽器压力或凝汽器真空值，检查凝汽器压力（或真空测量系统）传压管的走向，判定凝汽器压力测量结果的准确性。

7.2.2 应根据节能诊断期间机组试验工况下汽轮机热耗率测算值、发电机效率设计值、机组功率、凝汽器冷却水温升，估算凝汽器热负荷和冷却水流量；应根据循环水其他用水设备的用水量，估算循环水泵总流量。

7.2.3 应根据真空系统严密性试验结果、抽真空系统抽吸和连接方式、真空泵工作状况，判断真空系统运行状况。

7.2.4 现场应抄录或实测循环水泵电动机功率，并计算循环水泵耗电率。

7.2.5 应根据估算的凝汽器冷却水流量、凝结水温度、凝汽器冷却水进出口温度、凝汽器压力及凝汽器设计参数，按照 DL/T 1078 的规定估算凝汽器性能，应包括传热端差、运行清洁系数、凝汽器汽侧和水侧阻力、凝结水过冷度等。

7.2.6 应根据循环水泵进口压力、出口压力、出口流速、流量、电动机输入功率，按照 GB/T 3216 的规定估算循环水泵轴功率和泵效率。

7.2.7 应根据典型工况下冷端系统运行参数及性能、循环水泵耗电率统计值，判断循环水泵运行方式的合理性。

7.2.8 在冷却塔出水温度高于 20℃的情况下，应根据冷却塔进风干湿球温度、冷却塔出水温度（或凝汽器冷却水进口温度），估算冷却塔幅高（差），判定冷却塔的冷却能力和效率。

7.2.9 根据循环水泵扬程、开式水泵扬程及用水设备的标高和耗电率统计值，判断开式水泵的耗电率。

7.2.10 应根据凝汽器压力月度统计值，估算对机组发电煤耗的影响量。

7.2.11 应根据本标准 7.2.1～7.2.10 的分析数据及设备运行状况，结合冷端系统设计条件，提出冷端系统节能降耗措施，并预测节能潜力。

7.3 直接空冷机组冷端系统

7.3.1 应通过汽轮机排汽温度或经校验合格的排汽压力绝压表核查汽轮机排汽压力，应检查排汽压力（或真空测量系统）传压管的走向，判断汽轮机排汽压力测量结果的准确性。

7.3.2 应根据真空系统严密性试验结果、真空系统连接方式、真空泵工作状况，判断真空系统运行状况，且真空系统严密性试验应符合 DL/T 1290 规定。

7.3.3 现场应抄录或实测空冷风机功率，并计算空冷风机耗电率。

7.3.4 应根据环境风速、环境温度、汽轮机排汽压力、凝结水温度等，按照 DL/T 244 的要求计算直接空冷系统性能。

7.3.5 应根据空冷系统设计性能曲线和考核试验结果，分析判断空冷系统运行性能。

7.3.6 应根据典型工况下空冷风机运行参数、耗电率统计值，判断空冷风机运行方式的合理性。

7.3.7 应根据典型工况下辅机冷却水系统运行参数及性能，判断辅机冷却水系统运行方式的合理性。

7.3.8 应根据汽轮机排汽压力月度统计值，估算对机组发电煤耗的影响量。

7.3.9 应根据本标准 7.3.1～7.3.8 的分析数据及设备运行状况，提出直接空冷系统节能降耗措施，并预测节能潜力。

7.4 间接空冷机组冷端系统

7.4.1 应通过汽轮机排汽温度或经校验合格的凝汽器绝压表核查凝汽器压力或凝汽器真空值，检查凝汽器压力（或真空测量系统）传压管的走向，判断凝汽器压力测量结果的准确性。

7.4.2 应根据目前工况下汽轮机热耗率测算值、发电机效率设计值、机组功率、凝汽器冷却水温升，估算凝汽器热负荷和冷却水流量，考虑循环水其他用水设备的用水量，估算循环水泵总流量。

7.4.3 应根据真空系统严密性试验结果、真空系统连接方式和真空泵工作状况，判断真空系统运行状况。

7.4.4 现场应抄录或实测循环水泵电动机功率，并计算循环水泵耗电率。

7.4.5 应根据估算的凝汽器冷却水流量、凝结水温度、凝汽器冷却水进出口温度、凝汽器压力及凝汽器设计参数等，按照 DL/T 1078 的规定估算凝汽器性能，包括传热端差、传热系数、运行清洁系数、凝汽器汽侧和水侧阻力、凝结水过冷度等。

7.4.6 应根据环境风速、环境风温、进出水温度、冷却水流量，按照 DL/T 552 的要求计算间接空冷系统性能。

7.4.7 应根据空冷系统设计性能曲线和考核试验结果，结合运行数据，分析判断间接空冷系统运行性能。

7.4.8 应根据循环水泵进口压力、出口压力、流量、电动机输入功率、电动机设计效率，按照 GB/T 3216 的规定估算循环水泵轴功率和泵效率。

7.4.9 应根据典型工况下循环水泵运行参数及性能、耗电率统计值，判断循环水泵运行方式的合理性。

7.4.10 应根据典型工况下辅机冷却水系统运行参数及性能，判断辅机冷却水系统运行方式的合理性。

7.4.11 应根据凝汽器压力月度统计值，估算对机组发电煤耗的影响量。

7.4.12 应根据本标准 7.4.1～7.4.10 的分析数据及设备运行状况，提出间接空冷系统节能降耗措施，并预测节能潜力。

7.5 凝结水泵组

7.5.1 现场应检查凝结水泵再循环门及低压旁路的严密性，应核查其他需要凝结水进行喷水减温系统的运行状况，判断凝结水量。

7.5.2 现场应查看凝结水泵运行方式，凝结水调节门开度、凝结水母管压力、凝结水泵备用泵开启联锁压力设定值，判定凝结水泵运行方式及控制参数的合理性。

7.5.3 现场应抄录或实测凝结水泵电动机功率，并计算凝结水泵耗电率。

7.5.4 应根据凝结水泵流量、出口压力、电动机功率和电动机设计效率、变频器效率，按照 GB/T 3216 的规定估算凝结水泵轴功率和效率。

7.5.5 应根据凝结水泵运行方式、运行参数、泵效率、耗电率统计值，判断凝结水泵运行状况，提出降低凝结水泵耗电率的措施，应预测节电潜力。

7.6 汽动给水泵组

7.6.1 现场应检查给水泵汽轮机运行方式及参数，运行参数应包括：汽轮机进汽压力、温度、流量、排汽压力或排汽温度。核查给水泵进出口压力、温度、给水流量。

7.6.2 现场应检查前置泵（若配置）运行方式及参数，运行参数应包括：前置泵进出口压力、出口温度、流量、电动机功率。

7.6.3 应根据前置泵进出口压力、流量、电动机功率等参数，按照 GB/T 3216 的规定估算前置泵的扬程、有效功率和效率。

7.6.4 应根据给水泵进口压力、给水泵进口给水温度、前置泵流量扬程特性、给水泵进口必需汽蚀余量（$NPSH_R$）等参数，确定给水泵进口有效汽蚀余量，按照 1.7 倍的 $NPSH_R$，判断前置泵扬程，如偏高应给出降低扬程的可能性。

7.6.5 应检查给水泵最小流量阀启、闭流量设定值，以及再循环流量阀的严密性。

7.6.6 应查看汽轮机运行方式（主蒸汽压力）、给水调节方式、机组一次调频情况。

7.6.7 应根据给水泵汽轮机进汽压力、温度、流量，排汽压力或温度，给水泵进出口压力，给水泵进出口温度、给水流量、减温水流量，按照 DL/T 839 估算给水泵组性能。

7.6.8 应根据给水泵运行方式、运行参数，设计参数、泵组性能，确定给水泵汽轮机的合理进汽流量，判断给水泵运行状况和给水泵汽轮机进汽流量，给水泵汽轮机流量如果偏大应分析原因（系统阻力大、给水泵效率低、给水泵汽轮机效率和出力低等），并估算对机组发电煤耗的影响量。

7.6.9 根据本标准 7.6.1～7.6.8 的分析数据及给水泵组的运行状况，提出汽动给水泵组节能、节电措施，并预测节能、节电潜力。

7.7 电动给水泵组

7.7.1 现场应检查给水泵运行方式及参数，运行参数应包括：给水泵进出口压力及温度、给水流量。

7.7.2 应检查给水泵再循环流量阀开启流量设定值，以及再循环流量阀的严密性。

7.7.3 应查看汽轮机运行方式（主蒸汽压力）、给水调节方式、机组一次调频情况。

7.7.4 现场应抄录或实测给水泵电动机功率，并计算给水泵耗电率。

7.7.5 应根据给水泵流量、进出口压力、温度、电动机功率及效率，按照 GB/T 3216 估算给水泵轴功率和效率。

7.7.6 应根据给水泵运行方式、运行参数、泵效率、耗电率统计值等，判断给水泵运行状况，提出降低给水泵耗电率的措施，应预测节电潜力。

7.8 高、低压加热器

7.8.1 现场应检查高、低压加热器运行状况及参数，运行参数应包括：加热器进汽压力及温度、进出水温度、疏水温度、水位，计算传热端差、疏水端差、加热器给水温升。

7.8.2 应根据加热器运行参数，采用等效焓降法或热平衡方法估算加热器端差、进出水温升、给水温度对机组发电煤耗的影响量。

7.8.3 应统计加热器端差、给水温升的变化规律，判断加热器水室分程隔板的变形或损坏程度。

7.8.4 应根据本标准 7.8.1～7.8.3 的数据及加热器运行状况，分析加热器的运行性能，提出高、低压加热器节能降耗措施，并预测节能潜力。

7.9 汽轮机热力及疏水系统泄漏

应通过点温计或红外测温仪，检查热力及疏水系统阀门泄漏情况，列出阀门泄漏清单，并根据经验确定对机组发电煤耗的影响量。主要检查的阀门应包括：主蒸汽管道、导汽管、高压缸排汽管道、再热蒸汽管道、抽汽管道、高压缸、中压缸疏水阀门及高压加热器危急疏水阀门、高压旁路、低压旁路、通风阀、给水泵再循环阀门、轴封溢流等。

7.10 锅炉性能

7.10.1 应根据统计的运行氧量、煤质资料及负荷系数，评估锅炉运行风量。

7.10.2 应根据统计的运行氧量、煤质资料、飞灰及大渣含碳量等参数，评估煤粉细度。

7.10.3 应根据统计的空气预热器漏风率，分析空气预热器漏风情况，若漏风较大，应提出存在问题的原因。

7.10.4 应根据现场 THA 或 BRL 工况运行参数，计算修正后的锅炉排烟温度，并与设计值比较，确定排烟温度的高低，空气预热器存在的沾污程度。

7.10.5 应根据统计的煤质资料、运行氧量、锅炉排烟温度、飞灰和大渣含碳量及送风温度等，参考 GB/T 10184 或 ASME PTC4 的要求计算锅炉效率，并与设计值和保证值比较，评估锅炉效率，并提出运行和检修建议。

7.10.6 应根据统计的蒸汽温度、减温水量及现场额定负荷运行参数，对锅炉运行情况做出评价，包括一、二次风配比方式等。

7.10.7 应对运行氧量、锅炉排烟温度、飞灰和大渣含碳量等重要指标进行耗差分析，应预测锅炉节能潜力。

7.11 中速磨煤机

7.11.1 应根据现场制粉系统运行参数，判断机组铭牌出力工况及磨煤机出力，应检查部分负荷时磨煤机宜运行的台数。当磨煤机出力不能满足机组负荷要求时，应结合实际燃烧用煤和设计煤种偏差等，查找原因，并提出改进建议。

7.11.2 检查分离器应具有良好的煤粉细度调节特性，结合磨煤机出力，检查煤粉细度应满足燃用煤种的要求。如果煤粉细度不能满足燃用煤种的要求，应提出改进措施。

7.11.3 应检查一次风量测量装置的准确性。

7.11.4 应检查磨煤机加载压力、磨煤机出口温度、风煤比、一次风压和冷热风门开度，并提出合理化建议。

7.11.5 应检查磨煤机出口各煤粉管一次风分配偏差应为 5%～10%。检查石子煤量宜小于磨煤机出力的 0.05%，石子煤热值宜小于 6.27MJ/kg。

7.11.6 现场应抄录或实测磨煤机电动机功率，并计算磨煤机耗电率。

7.11.7 应根据制粉系统运行参数和磨煤机耗电率月度统计值，判断磨煤机耗电率的合理性，若磨煤机耗电率明显偏高，指出偏高的主要原因及处理措施，并预测节电潜力。

7.12 钢球磨煤机

7.12.1 对于中储式制粉系统，应了解磨煤机日常在较大出力工况下的运行状况，运行过程中应为最佳磨煤机钢球装载量和最佳系统通风量。

7.12.2 应了解排风机叶轮磨损周期和细粉分离器分离效果，应检查磨煤机入口负压、磨煤机差压、磨煤机出口温度、制粉系统各段压力，各锁气器动作应正常，并提出合理化建议。

7.12.3 应检查粗粉分离器的煤粉细度调节特性，应结合制粉系统出力，检查煤粉细度应满足燃用煤种的要求。如果煤粉细度不能满足燃用煤种的要求，应提出改进措施。

7.12.4 对于双进双出磨煤机直吹式制粉系统除参照 7.11 进行诊断外，还应关注其钢球装载量和磨煤机料位的合理性。

7.12.5 应根据磨煤机运行参数及耗电率统计值情况，判断磨煤机耗电情况，若偏高，应提出偏高的主要原因及处理措施，并预测节能潜力。

7.13 送风机

7.13.1 现场应检查送风机运行状况，抄录或实测送风机运行参数，运行参数应包括：调节装置开度、风机转速、电动机电流、流量及风机进出口压力和温度。

7.13.2 现场应抄录或实测送风系统运行参数，其中应包括：暖风器和空气预热器二次风侧进出口温度及压降、二次风量。

7.13.3 现场应抄录或实测送风机电动机功率，并计算送风机耗电率。

7.13.4 应根据送风机运行参数、电动机功率，以及风机厂提供的性能曲线和现场性能试验数据，参照

DL/T 469 的要求估算送风机实际运行流量、压力和效率。

7.13.5 应根据送风系统各部位压力值，对送风系统沿程阻力进行分析，判定系统内各主要可能阻塞的设备（如消声器、暖风器、空气预热器）及冷、热风道系统的阻力应正常。

7.13.6 应根据估算的送风机各工况点的运行流量、压力和效率及其在风机性能曲线上的运行位置，参照 DL/T 468 的要求分析判断送风机应达到设计性能，送风机与实际送风系统应匹配。

7.13.7 应根据送风系统运行参数和送风机实际运行效率，结合送风机耗电率统计值及诊断期间耗电率的实测值，判断送风机的节电潜力，提出送风机节电措施，并预测节电潜力。

7.14 一次风机

7.14.1 现场应检查一次风机运行状况，抄录或实测一次风机运行参数，运行参数应包括：调节装置开度、风机转速、电动机电流、流量及风机进出口压力和温度。

7.14.2 现场应抄录或实测一次风系统运行参数，运行参数应包括：暖风器和空气预热器一次风侧进出口温度及压降、热风母管压力、磨煤机进出口压力和温度、磨煤机进口一次风流量、磨煤机出力。

7.14.3 现场应抄录或实测一次风机电动机功率，并计算一次风机耗电率。

7.14.4 应根据一次风机运行参数、功率，以及风机厂提供的性能曲线和现场性能试验数据，参照 DL/T 469 的要求估算一次风机实际运行流量、压力和效率。

7.14.5 应根据一次风系统各部位的压力值，对一次风系统沿程阻力进行分析，判定系统内各可能阻塞的设备（如消声器、暖风器、空气预热器等）及冷、热风道系统的阻力（包括各风门开度及节流损失）应正常。

7.14.6 应根据估算的一次风机各工况点的运行流量、压力和效率及其在风机性能曲线上的运行位置，参照 DL/T 468 的要求分析判断一次风机的性能应达到设计要求，并判断一次风机与实际一次风系统应匹配。

7.14.7 应根据一次风系统运行参数和一次风机实际运行效率，并结合一次风机耗电率月度统计值及诊断期间耗电率的实测值，判断一次风机的节电潜力，提出一次风机节电措施，并预测节电潜力。

7.15 引风机

7.15.1 现场应检查引风机运行状况，抄录或实测引风机运行参数，运行参数应包括：调节装置开度、风机转速、电动机电流、流量及风机进出口压力和温度。

7.15.2 现场应抄录或实测烟气系统运行参数，运行参数应包括：脱硝系统、低温省煤器、空气预热器烟气侧进出口温度及压降、空气预热器进出口氧量、脱硫系统进出口氧量。对于引风机与增压合并的引风机还应包含脱硫系统各主要设备（如：GGH、脱硫塔、除雾器等）阻力、湿式除尘器压降。

7.15.3 对于电动引风机，现场应抄录或实测引风机电动机功率，并计算引风机耗电率。

7.15.4 应根据引风机运行参数、功率，以及风机厂提供的性能曲线和现场性能试验数据，参照 DL/T 469 的要求估算引风机实际运行流量、压力和效率。

7.15.5 应根据烟气系统运行参数，分析判定系统内各主要可能阻塞的设备、烟道系统的阻力应正常，系统漏风应合理。

7.15.6 根据估算的引风机各工况点的运行流量、压力和效率及其在风机性能曲线上的运行位置，参照 DL/T 468 分析判断引风机性能应达到设计要求，并判断引风机与实际烟气系统应匹配。

7.15.7 根据烟气系统运行参数和引风机实际运行效率，并结合引风机耗电率统计值及节能诊断期间耗电率的实测值，判断引风机的节电潜力，提出引风机节电措施，并预测节电潜力。

7.16 排粉机

7.16.1 现场应检查排粉机运行状况，抄录或实测其运行参数，运行参数应包括：入口风门开度、转速、电流、流量及风机进出口压力和温度。

7.16.2 现场应抄录或实测排粉机电动机功率，并计算排粉机耗电率。

7.16.3 应根据排粉机运行参数、功率，以及风机厂提供的性能曲线及现场性能试验数据，参照 DL/T 469

的要求估算排粉机实际运行的流量、压力和效率。

7.16.4 应根据制粉系统各部位的压力值，分析判定磨煤机、粗粉分离器、细粉分离器、特别是排粉机入口风门阻力应正常。

7.16.5 应根据估算的排粉机实际运行流量、压力和效率及其在风机性能曲线上的运行位置，参照 DL/T 468 的规定分析判断排粉机性能应达到设计要求，并判断排粉机与实际制粉系统应匹配。

7.16.6 应根据制粉系统运行参数和排粉机实际运行效率，并结合排粉机耗电率月度统计值及节能诊断期间耗电率实测值，判断排粉机的节电潜力，提出排粉机节电措施，并预测节电潜力。

7.17 脱硫系统

7.17.1 应检查脱硫系统进出口 SO_2 排放浓度，并检查 SO_2 排放浓度应满足 GB 13223 的要求。

7.17.2 应核查脱硫系统运行状况及参数，对于石灰石—石膏湿法脱硫系统，运行参数应包括：脱硫效率、吸收塔浆液 pH 值、密度、液位、脱硫系统阻力、增压风机、浆液循环泵、氧化风机出口压力和电流、GGH 漏风率、湿式球磨机和真空皮带脱水机的运行出力等；对于循环流化床半干法脱硫系统，应包括：脱硫效率、脱硫吸收塔 Ca/S 摩尔比、床层阻力、出口烟温、脱硫系统阻力、增压风机（若有）出口压力和电流、系统漏风率、消化器运行出力等。

7.17.3 现场应抄录或实测脱硫系统功率，并计算脱硫系统耗电率。

7.17.4 应根据脱硫系统运行状况、运行参数和耗电率月度统计值，分析判断脱硫系统进出口烟气在线监测仪表显示值的准确性，脱硫系统运行状况、运行参数和耗电率应符合设计要求，必要时提出脱硫系统节电措施，并预测节电潜力。

7.18 脱硝系统

7.18.1 应检查脱硝系统进口及出口 NO_x 排放浓度、SO_2/SO_3 转化率、氨逃逸及系统阻力，并检查 NO_x 排放浓度应满足 GB 13223 的要求。

7.18.2 应根据 SCR 系统运行温度、压力、脱硝效率的调节与控制，确保 SCR 脱硝系统设备及其附属设备在启动、关闭及运行过程中处于良好状态。

7.18.3 应核查 SCR 脱硝系统启停时间、还原剂进厂质量分析及系统运行参数。系统运行参数应包括：还原剂区各设备压力、温度、锅炉烟气参数、催化剂压力及层间压力、稀释风机的运行状况及参数，分析判断 SCR 脱硝装置进出口烟气在线监测仪表显示值的准确性，稀释风机运行参数应正常，还原剂供应应正常。

7.18.4 SCR 脱硝系统阻力宜小于 1400Pa，系统漏风率宜小于 0.4%。

7.18.5 应根据 SCR 脱硝系统运行状况及参数，并结合脱硝系统耗电率月度统计值，分析判断 SCR 脱硝系统能耗的合理性，必要时应提出节能（电）措施。

7.19 除尘器

7.19.1 应检查除尘器进口、出口和烟囱入口烟尘排放浓度，并检查烟尘排放浓度应满足 GB 13223 的要求。

7.19.2 现场应检查除尘器运行状况及参数，对于电除尘器，运行状况及参数应包括：电场投运情况、振打周期、除尘效率、燃煤特性、烟气量、烟气温度；对于电袋复合除尘器，应包括：电场投运情况、振打周期、阻力、清灰方式、清灰周期、清灰压力、除尘效率、燃煤特性、烟气量、烟气温度等；对于袋式除尘器，应包括：阻力、清灰方式、清灰周期、清灰压力、除尘效率、燃煤特性、烟气量、烟气温度等。

7.19.3 现场应抄录或实测除尘器功率（对于电袋复合除尘器和袋式除尘器应注意其阻力和空气压缩机电耗在其他设备中记列），并计算除尘器耗电率。

7.19.4 应根据除尘器运行状况、运行参数和除尘器耗电率月度统计值，分析判断除尘器运行状况、运行参数和耗电率应符合设计要求，必要时应提出除尘器节电措施，并预测节电潜力。

7.20 机组保温

应通过点温计或红外测温仪，检查机组保温情况，列出保温超标清单，供电厂检修处理。检查的部位应包括：炉墙、烟道、汽缸、高压加热器、除氧器，以及主蒸汽、导汽管、高压缸排汽、再热蒸汽、旁路系统、疏水系统管道及阀门等。

7.21 测算机组发电煤耗

7.21.1 应根据主蒸汽温度、再热蒸汽温度、过热器减温水量、再热器减温水量月度统计值，估算对机组发电煤耗的影响量。

7.21.2 应根据机组冷态、温态、热态、极热态启停次数估算对机组发电煤耗的影响量，一般机组年利用小时约 5500h，每次启停影响机组发电煤耗约为 0.04g/（kW·h）～0.1g/（kW·h）。

7.21.3 应根据冬季厂区用能的流量及设计参数，估算冬季厂区用能对机组发电煤耗的影响量。

7.21.4 应根据机组吹灰、排污、除氧器排气、补水率、暖风器投运、电网调频、昼夜峰谷差等情况，估算对机组发电煤耗的影响量，通常影响机组发电煤耗约为 1.6g/（kW·h）～2.6g/（kW·h）。

7.21.5 应根据机组 50%、75%、100%负荷等工况下性能试验得到的汽轮机热耗率、锅炉效率，也可采用 50%、75%、100%负荷等工况下汽轮机热耗率、锅炉效率设计值，计算机组发电煤耗，并拟合成二次曲线，得到发电煤耗与负荷系数的关系曲线。

7.21.6 300MW 等级及以下容量机组管道效率宜取 98.5%，其他机组宜取 98.8%。

7.21.7 应根据现场节能诊断期间 THA 工况下汽轮机热耗率测算值、锅炉效率测算值、管道效率和各种因素对机组发电煤耗的影响量，测算机组发电煤耗。

7.21.8 若测算的机组发电煤耗与电厂正平衡统计的发电煤耗差值大于在 1.5g/（kW·h），宜进一步核查各种因素对机组发电煤耗的影响量，核查煤量计量及热值化验结果，并指出误差大的原因及处理措施。

7.22 诊断结果

应通过节能诊断，给出各种因素对机组发电煤耗的影响量，判断主要辅机耗电率的合理性，预测各种节能降耗措施的节能潜力（发电煤耗和厂用电率降低量）及综合节能潜力（发电煤耗、厂用电率和供电煤耗降低量）。

8 编写节能诊断报告

现场节能诊断工作完成后，应编写节能诊断报告，内容应包括：主辅设备设计技术规范、机组投运及设备系统节能改造情况、能耗指标及主要辅机耗电率、各主辅设备系统性能分析过程及结果、节能潜力预测和诊断结论。

附　录　A

（资料性附录）

燃煤机组节能诊断流程

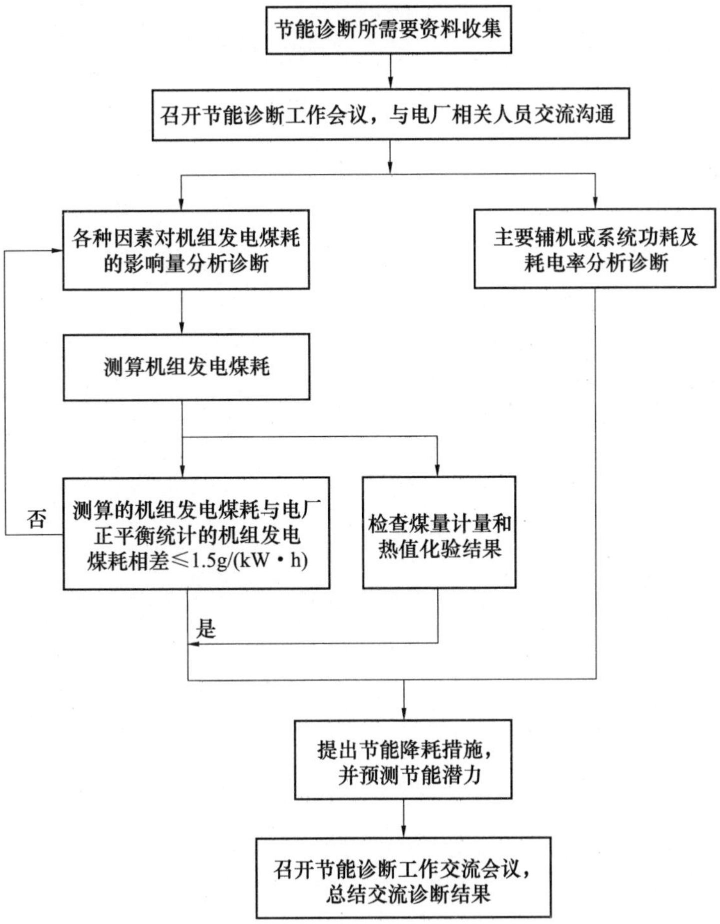

DL / T 1464 — 2015

中 华 人 民 共 和 国

电 力 行 业 标 准

燃煤机组节能诊断导则

DL / T 1464 — 2015

*

中国电力出版社出版、发行

（北京市东城区北京站西街 19 号　100005　http://www.cepp.sgcc.com.cn）

北京博图彩色印刷有限公司印刷

*

2015 年 12 月第一版　　2015 年 12 月北京第一次印刷

880 毫米×1230 毫米　16 开本　1 印张　24 千字

印数 0001—3000 册

*

统一书号 155123 • 2684　定价 **9.00** 元

敬 告 读 者

本书封底贴有防伪标签，刮开涂层可查询真伪

本书如有印装质量问题，我社发行部负责退换

中国电力出版社官方微信　　掌上电力书屋

刮开涂层
查询真伪

DL/T 1464-2015 燃煤机组节能诊断导则
¥9
1551232684